槽形钢折板补强 H 型梁柱偏心节点的力学性能研究

高金贺　著

武汉理工大学出版社

·武　汉·

图书在版编目（CIP）数据

槽形钢折板补强 H 型梁柱偏心节点的力学性能研究 / 高金贺著.—武汉：
武汉理工大学出版社，2020.12
　ISBN 978-7-5629-6348-6

Ⅰ.①槽…　Ⅱ.①高…　Ⅲ.①钢结构-梁-力学性能-研究　Ⅳ.①TU323.3

中国版本图书馆 CIP 数据核字(2020)第 259902 号

项 目 负 责 人：彭佳佳　　　　　　　　　　　责 任 编 辑：彭佳佳
责 任 校 对：李正五　　　　　　　　　　　　版 面 设 计：正风图文
出 版 发 行：武汉理工大学出版社
地　　　　址：武汉市洪山区珞狮路 122 号
邮　　　　编：430070
网　　　　址：http://www.wutp.com.cn
经　　　　销：各地新华书店
印　　　　刷：广东虎彩云印刷有限公司
开　　　　本：787×960　1/16
印　　　　张：4.25
字　　　　数：84 千字
版　　　　次：2020 年 12 月第 1 版
印　　　　次：2020 年 12 月第 1 次印刷
定　　　　价：56.00 元

前　言

　　在钢结构梁柱节点的构造中,对将 H 型梁偏心设置、采用方管型柱构件形成的 H 型梁方管柱偏心节点的研究比较多。但截至目前,对于 H 型梁 H 型柱偏心节点的研究比较少。本书提出了利用槽形钢折板补强 H 型梁柱偏心节点的构造形式,并围绕此构造形式节点的力学性能,主要进行了以下两方面的工作:

　　(1) 构筑了 5 种可能发生的塑性屈服破坏机构,利用屈服线理论,推导出 H 型梁柱偏心节点的局部屈服荷载承载力公式,并抽出节点的 1/4 模型为试验体,进行了 6 组拉伸加载试验,验证偏心节点的弹塑性响应。

　　(2) 建立偏心节点的节点域承载力计算方法,分析中考虑了由于梁偏心设置而引起的附加扭矩的影响。同时进行了 T 字形梁柱构件的循环荷载试验,考察偏心节点的滞回性能,试验结果表明,节点具有良好的延性和耗能性能,节点域承载力计算公式具有良好的精度。最后,以十字形梁柱构件为模型,进行了非线性有限元数值分析,考察钢板的截面厚度对偏心节点力学性能的影响。

　　本书可供高等院校土木、力学、机械和水利等学科的师生以及相关研究领域的科研和技术人员参考。

目　　录

符 号 表

$_{vs}d$:柱腹板至槽形钢折板腹板(竖向加劲肋)中心间距

D_c:柱翼缘中心间距

e:梁腹板中心至剪力中心 S 的距离

F:强轴梁端荷载

$_{eval}F_{bp}$:梁节点域屈服时的梁端荷载

F_{bpl}:梁横截面全截面屈服时的梁端荷载

$_{fem}F_{bpy}$:梁节点域屈服荷载解析值

$_{test}F_{bpy}$:梁节点域屈服荷载实验值

$_{eval}F_{by}$:梁屈服时的梁端荷载

$_{test}F_{by}$:梁的屈服荷载实验值

$_{eval}F_{con}$:节点屈服时的梁端荷载

$_{test}F_{con}$:节点屈服荷载实验值

$_{eval}F_{cp}$:柱节点域屈服时的梁端荷载

$_{fem}F_{cpy}$:柱节点域屈服荷载解析值

$_{test}F_{cpy}$:柱节点域屈服荷载实验值

$_{eval}F_{cy}$:柱屈服时的梁端荷载

$_{local}F_y$:梁翼缘屈服时的梁端荷载

h:柱的跨度

H_b：梁翼缘中心间距

K_{tc}：柱的圣维南系数

K_{tp}：节点全截面圣维南系数

K_{tube}：封闭横截面的圣维南系数

K_{cf}：封闭横截面以外的柱翼缘圣维南系数

l：梁跨度

l_c：柱长

l_p：节点域高度

l_v：槽形钢折板腹板高度（即竖向加劲肋高度）

$_tM$：扭矩

M_s：封闭横截面部分分担的扭矩

M_{tc}：柱的扭矩

M_{tp}：节点部分的扭矩

n_b：梁构件数目

p：反偏心侧梁翼缘端部至竖向加劲肋中心的间距

P：作用于梁翼缘的荷载

P_b：梁翼缘屈服荷载的理论值

P_f：梁翼缘的合力

$_{eval}P_y$：承载力理论值

$_{fem}P_y$：屈服荷载解析值

$_{local}P_y$：H 型梁柱偏心节点的局部屈服荷载承载力理论值

$_{test}P_y$：屈服荷载实验值

P_y^{NR1}：机构 NR1 的承载力理论值

P_y^{NR2}：机构 NR2 的承载力理论值

P_y^{NR3}：机构 NR3 的承载力理论值

P_y^{NR4}：机构 NR4 的承载力理论值

Q：通过剪力中心 S 的剪力

Q_{bp}：梁节点域的剪力

Q_{bpy}：梁节点域的屈服剪力

Q_{cp}：柱节点域的剪力

Q_{cw}：柱节点域分担的剪力

$_tQ_{cw}$：扭矩 M_s 引起的柱节点域剪力的降低值

$_tQ_{vs}$：扭矩 M_s 引起的梁节点域剪力的增加值

Q_{vs}：梁节点域分担的剪力

t_{se}：槽形钢折板翼缘厚度（即偏心侧水平加劲肋厚度）

t_{sn}：反偏心侧加劲肋厚度

t_{vs}：槽形钢折板腹板厚度（即竖向加劲肋厚度）

t_w：柱腹板厚度

x：机构 NR4 腹板屈服域参数

y：机构 NR4 加劲肋屈服域参数

a：机构 NR3 腹板屈服域参数

b：机构 NR3 加劲肋屈服域参数

D：相对变形量

δ_R：对角线长度的变化量

δ_T：位移计的数值

ε：柱腹板的应变分布

ε_{bf}：梁翼缘的应变分布

ε_{cf}：柱翼缘的应变分布

e_m：数值有限元分析中采用的钢材应变

e_s：加劲肋的应变分布

e_v：竖向加劲肋的应变分布

γ：机构 NR1 的腹板屈服域参数

$_p\gamma$：节点域的剪切变形角

$_p\gamma_b$：梁节点域的剪切变形角

$_p\gamma_{b\max}$：梁节点域的最大切应变

$_p\gamma_{bs}$：骨架曲线中梁节点域的变形角

$_p\gamma_c$：柱节点域的剪切变形角

$_p\gamma_{c\max}$：柱节点域的最大切应变

$_p\gamma_{cs}$：骨架曲线中柱节点域的变形角

h：机构 NR2 中腹板屈服域的参数

q：机构 R 中屈服线位置的参数

q_b：梁变形角

q_{bs}：骨架曲线中梁的变形角

q_g：整体变形角

θ_j：局部转角

q_L：屈服线的转角

σ_{bfy}：梁翼缘的屈服强度

s_m：数值有限元分析中钢材的应力

σ_{sey}：偏心侧槽形钢折板翼缘（水平加劲肋）的屈服强度

σ_{sny} : 非偏心侧水平加劲肋的屈服强度

σ_{vy} : 竖向加劲肋的屈服强度

s_{wy} : 柱腹板的屈服强度

σ_w : 弱轴梁翼缘应力

s_{sy} : 加劲肋的屈服强度

σ_y : 柱翼缘的屈服强度

τ_w : 加劲肋的切应力

τ_{sy} : 加劲肋的剪切屈服强度

t_{vsy} : 竖向加劲肋的剪切屈服强度

1 绪 论

1.1 钢结构梁柱偏心节点的研究背景及现状

梁柱节点是钢结构最重要的部位之一,节点的力学性能对建筑结构体系的整体刚度、稳定性和承载能力至关重要。各国工程师、学者针对节点开展了大量研究工作,包含节点的力学性能、抗震性能和新型节点构造等。

传统的钢结构梁柱节点,按照梁对柱的约束刚度可分为刚性节点、半刚性节点和铰接节点。在钢框架梁柱连接的研究领域,历经近 1 个世纪的研究历程中,众多学者将研究着眼于节点的弯矩–转角模型($M\text{-}\theta$ 曲线),通过大量的节点试验和理论分析,形成了丰富的研究成果,针对半刚性节点提供了大量的弯矩–转角模型[1],如:被广泛应用的 Richard -Abbott 函数模型[2]、Frye and Morris(1976) 模型[3] 等。 同时,也形成了大量的模型数据库,如:Goverdhan 数据库[4]、Kishi 和 Chen 数据库[5]、Nethercot 数据库[6,7]。沈祖炎[8] 等(1992)将经典的 Rayfeigh-Ritz 法和有限元法相结合,分析了半刚性节点对钢框架结构力学性能的影响。王燕[9] 等应用 $M\text{-}\theta$ 三参数模型对各种梁柱连接半刚性节点的力学性能进行了拟合,提出了一种在荷载作用下半刚性节点弯矩–转角关系的计算公式。

在钢结构梁柱节点研究历程的前期,研究重点大多集中于节点的强度、刚度、稳定性及变形能力等。虽然有些研究表明栓焊连接节点表现出脆性破坏的可能性,但未经过较大地震的检验[10]。在 1994 年美国 Northridge 地震和 1995 年日本阪神大地震中,发现了大量的焊接结构的梁柱节点发生了脆性断裂破坏,学者们意识到节点的破坏模式具有多样性和复杂性。因此近年来,大量的研究工作集中在通过适当改善钢结构梁柱节点的细部构造,提升节点的耗能能力,提高节点的抗震性能,防止节点的脆性破坏。学者们尝试了在节点构造的设计中,人为削弱局部构件,控制塑性铰形成的位置,使塑性铰离开节点核心区,如狗骨式节点和腹板开孔型节点[11],或者在柱翼缘与梁连接处将梁截面加强,例如盖板加劲连接[12]、腋板加劲连接[13]。陈以一(2010)[14]分析了钢结构连接节点耗能机制的研究现状,并对高强度螺栓连接的端板式柱梁节点进行了试验研究,研究结果表明充分利用节点的耗能能力有助于提高结构整体的抗震性能。

随着经济的发展,建筑结构领域中建筑结构模式的多样化,以及对节点抗震性能要求的提高,学者们研发了多种新型的钢结构梁柱节点。Ricles 等[15] 和 Christopoulos 等[16] 先后开发了后张钢框架节点。Yoshioka 和 Ohkubo[17] 将梁截面削弱和摩擦阻尼器结合,提出了一种新型的全焊接节点。毛剑[18] 等利用 ANSYS 分析了摩擦阻尼型节点的参数对节点抗震性能的影响。多种新型节点提出的同时,实际工程中建筑结构的多样化也对节点的构造提出了不同的需求。例如钢结构建筑物中,为了使 ALC 板以及墙面板构件安装方便,有些建筑结构中会将梁向外平移,导致梁腹板与柱腹板所在的平面不在同一平面内,构成偏心节点。目前为止,在将 H 型梁偏心设置的研究中,采用方管柱构件的比较多。如文献[19]～[25]中,对图 1.1 所示的方管柱 H 型梁偏心节点的局部承载力和节点域承载力进行了理论和试验研究。吕峰等[26] 研究了偏心梁对方管混凝土柱节点抗震性能的影响。但是对于 H 型梁 H 型柱偏心节点的研究较少,Tagawa 等[27] 提出了利用加劲

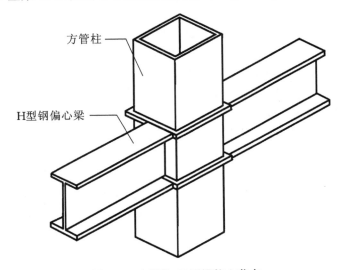

方管柱

H型钢偏心梁

图 1.1 方管柱 H 型梁偏心节点

肋重新构筑与梁腹板共面的节点,并进行了试验验证,研究结果表明取得了较好的补强效果,但由于需要大量的焊接,因此施工较为复杂,且焊缝应力对节点的力学性能具有一定影响。

1.2　各章概要

本书针对目前 H 型梁柱偏心节点研究中存在的问题,提出了利用槽形钢折板对其偏心节点进行补强的偏心节点构造形式。具体节点构造详见第 2 章。为了明确补强效果,分析了本书提出的 H 型梁柱偏心节点的局部承载力和节点域屈服荷载。

第 2 章中,为了明确槽形钢折板的翼缘对梁翼缘荷载的补强效果,将梁翼缘和柱组成的节点部分构件取出作为研究对象,不考虑柱轴力和梁腹板等屈服荷载的影响。首先,针对多种可能的塑性屈服破坏机构,采用屈服线理论,推导出局部承载力的计算方法。其次,将包含梁受拉翼缘侧的部分节点作为试验体(1/4 模型),进行受拉试验,验证其弹塑性状态,并对提出的假想的塑性屈服状态的合理性进行验证。

第 3 章中,对提出的 H 型梁柱偏心节点的节点域进行力学性能的研究,推导出其承载力的计算方法,并对节点域的变形响应进行分析。首先,考虑梁偏心设置产生的附加扭矩对节点域的影响,建立承载力计算公式。在此基础上,对 T 字形试验体进行循环荷载试验,通过考察节点域的变形形态以及节点域周边构件的应变分布,验证理论分析的精度。最后,以十字形梁柱构件为模型,在梁两端施加方向相反的作用力,进行有限元分析,并以构件的截面尺寸为参数,对节点域承载力的精度进行验证。

2 H 型梁柱偏心节点的局部 屈服荷载承载力

2.1 序

钢结构建筑物中,为了使 ALC 板以及墙面板构件安装方便,有些建筑结构会将梁向外平移,导致梁腹板平面与柱腹板平面不在同一平面内,构成梁柱偏心节点。目前为止,对方管钢柱与 H 型梁的偏心节点研究比较多[24,25]。与此相比,关于 H 型柱与 H 型梁的偏心节点研究比较少。究其原因,采用窄翼缘的 H 型柱时,由于梁翼缘和柱翼缘幅值相差较小,可以避免偏心。但是,当采用宽翼缘 H 型柱,如果将梁进行偏移布置,梁腹板所在平面与柱腹板所在平面存在偏差,梁翼缘的荷载即梁端水平方向剪力以及梁端部的弯矩并不能实现完全传递给 H 型柱。例如文献[28]中的研究结果表明,若将 H 型梁偏移 H 型柱腹板厚度的 3 倍距离,其节点的屈服荷载承载力会下降 10% 左右。

针对梁荷载并未完全传递给柱的问题,本书提出利用槽形钢折板对 H 型柱与 H 型梁组成的偏心节点进行补强,并推导出屈服荷载承载力的计算方法,为实际设计及工程应用提供理论参考。本章中,为了解决柱与梁腹板所在平面的偏差引起的传力低下以及梁翼缘的传力低下问题,采用槽形钢折板进行补强。如图 2.1 所示,槽形钢折板翼缘和腹板分别视为水平加劲肋和竖向加劲肋。与偏心侧相对的一侧为反偏心侧,将采用传统的水平加劲肋进行补强。为了减弱焊接引起的残余应力的影响,且减少施工工程量,槽形钢与柱腹板之间不设置水平加劲肋。

本章中,为了明确槽形钢折板翼缘对梁翼缘荷载传递的补强效果,将梁翼缘和柱组成的节点中的部分构件取出作为研究对象,不考虑柱轴力和梁腹板等屈服荷载的影响。首先,假设多种可能出现的塑性屈服破坏状态,采

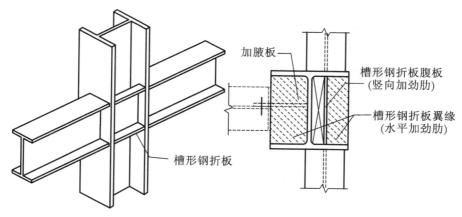

图 2.1 槽形钢折板补强的 H 型梁柱偏心节点

用屈服线理论,推导出屈服荷载承载力的计算方法。这里,H 型柱弱轴(反偏心侧)的梁与柱的连接方式视为铰接,如图 2.1 所示。因此在假设可能出现的多种塑性屈服破坏机构中,亦需考虑梁翼缘转动引起的屈服破坏状态。其次,将包含梁受拉翼缘侧的部分节点取出,作为试验体,进行受拉试验,验证其弹塑性状态响应,并对假设的多种可能的塑性屈服状态的合理性进行验证。

2.2 局部屈服荷载

为了推导出梁翼缘和柱组成节点的屈服荷载,考虑图 2.2 所示的塑性破坏机构 R 和图 2.3 所示的塑性破坏机构 NR1 ～ NR4。梁翼缘均视为刚性板。粗实线为屈服线,网格部分为屈服域。图中所示的所有机构都假定受拉,受压侧节点的力学性能可采取类似的方法进行分析。

2.2.1 塑性破坏机构 R

柱弱轴方向,若梁采用铰接连接方式,则并未限制弱轴梁的翼缘沿节点横向移动。因此,需考虑图 2.2 所示的梁翼缘发生转动变形的塑性屈服破坏机构 R。梁翼缘拉力 P 的作用方向在翼缘发生转动后仍视为沿轴向方向保持不变。柱腹板与槽形钢折板中形成三角形塑性域。在偏心侧槽形钢折板

5

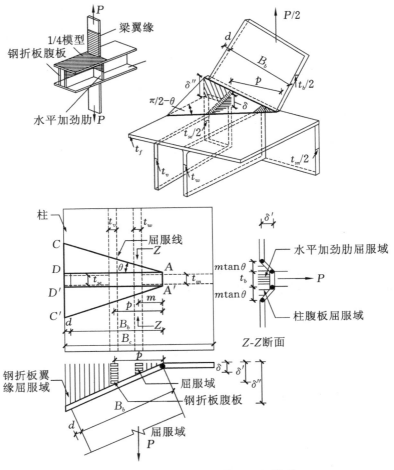

图 2.2　塑性屈服破坏机构 R(1/4 模型)

翼缘即偏心侧的水平加劲肋中形成梯形塑性屈服域,反偏心侧的水平加劲肋在柱附近形成三角形塑性屈服域。图 2.2 所示的模型是以腹板对称面为界线,取节点的 1/4。

假设槽形钢折板翼缘产生的竖向位移为 δ,则屈服线 AC($A'C'$)的转角为 $\delta/(p\sin\theta)$。屈服线 AD($A'D'$)的转角为 $\delta/(p\tan\theta)$,屈服线 AA' 的转角为 δ/p。这里,p 为反偏心侧梁翼缘端部至槽形钢折板腹板(竖向加劲肋)的距离,$p=B_b/2$。柱翼缘上的屈服线中,单位长度的全塑性弯矩为 M_p,屈服线 AC($A'C'$)、AD($A'D'$)、AA' 中的能量为

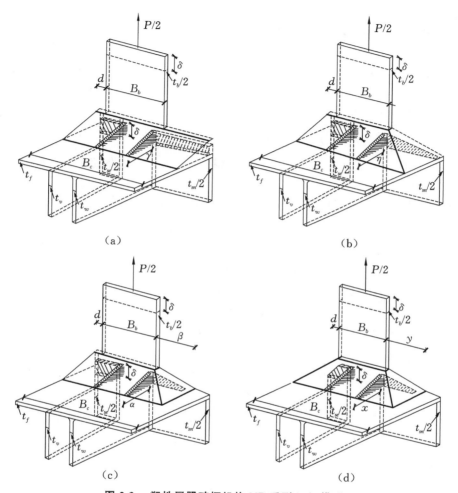

图 2.3　塑性屈服破坏机构 NR 系列（1/4 模型）
（a）机构 NR1；（b）机构 NR2；（c）机构 NR4；（d）机构 NR5

$$E_{AC}^{in} = \frac{(B_b + d)M_p}{p\sin\theta\cos\theta}\delta \tag{2.1}$$

$$E_{AD}^{in} = (B_b + d)M_p\,\frac{\delta}{p\tan\theta} \tag{2.2}$$

$$E_{AA'}^{in} = t_b M_p\,\frac{\delta}{p} \tag{2.3}$$

式中，B_b 为梁翼缘幅值；t_b 为梁翼缘厚度；d 表示柱偏心侧翼缘边缘与梁翼缘边缘之间的距离。

槽形钢折板腹板(竖向加劲肋)塑性屈服域的能量为

$$E_{YFV}^{in} = (t_b + p\tan\theta)t_{vs}\sigma_{vy}\delta \tag{2.4}$$

式中,t_{vs} 为槽形钢折板腹板(竖向加劲肋)的厚度;σ_{vy} 为槽形钢折板腹板的屈服应力。

柱腹板塑性屈服域内的能量为

$$E_{YFW}^{in} = (t_b + m\tan\theta)t_w\sigma_{wy}\frac{m}{p}\delta \tag{2.5}$$

式中,$m = B_b + d - B_c/2$;B_c 为柱翼缘幅值;t_w 为柱腹板厚度;σ_{wy} 为柱腹板的屈服应力。

槽形钢折板翼缘(水平加劲肋)塑性屈服域内的能量为

$$E_{YFS}^{in} = \frac{(m - t_{vs}/2)(B_b + d + p + t_{vs}/2)}{2p}t_{se}\sigma_{sey}\delta +$$
$$\frac{(m - t_w/2)^2}{2p}t_{sn}\sigma_{sny}\delta \tag{2.6}$$

式中,t_{se} 为槽形钢折板翼缘(水平加劲肋)厚度;t_{sn} 为反偏心侧水平加劲肋厚度;σ_{sey} 为槽形钢折板翼缘屈服强度;σ_{sny} 为反偏心侧水平加劲肋屈服强度。

综合式(2.1)至式(2.6)可得整个塑性屈服机构内的能量 E_R^{in} 为:

$$E_R^{in} = 2E_{AC}^{in} + 2E_{AD}^{in} + E_{AA'}^{in} + E_{YFV}^{in} + E_{YFW}^{in} + E_{YFS}^{in} \tag{2.7}$$

梁翼缘的轴向荷载为 P,这外力所做的功为

$$E_R^{ex} = P\delta \tag{2.8}$$

根据功能守恒原理 $E_R^{in} = E_R^{ex}$。柱翼缘厚度以及屈服强度分别为 t_f 和 σ_y,$M_p = t_f^2\sigma_y/4$。综合上述式子可得

$$\hat{P}_y^R = \frac{(B_b + d)t_f^2\sigma_y}{p\sin2\theta} + \frac{(B_b + d)t_f^2\sigma_y}{2p\tan\theta} + (pt_{vs}\sigma_{vy} + m^2t_w\sigma_{wy}/p)\tan\theta +$$
$$\frac{t_bt_f^2\sigma_y}{4p} + t_bt_{vs}\sigma_{vy} + \frac{mt_bt_w\sigma_{wy}}{p} + \frac{(m - t_w/2)^2}{2p}t_{sn}\sigma_{sny} +$$
$$\frac{(m - t_{vs}/2)(B_b + d + p + t_v/2)}{2p}t_{se}\sigma_{sey}$$
$$\tag{2.9}$$

其中,θ 确定的条件为 P_y^R 为最小值。根据 θ 值可确定屈服线的位置。

2.2.2　塑性屈服破坏机构 NR 系列

NR 系列主要考虑梁翼缘只发生刚性板转动变形,不发生弯曲变形,如

图 2.3 所示的 4 种塑性屈服破坏机构 NR1～NR4。槽形钢折板腹板（竖向加劲肋）和柱腹板具有同样的塑性屈服响应,但槽形钢折板翼缘的屈服响应特性即屈服域的形状不同。

塑性屈服机构 NR1 和 NR2 中包含有 1 个未知量（γ 和 η）,承载力 P_y^{NR1},P_y^{NR2} 为:

$$P_y^{\mathrm{NR1}} = 2t_f\sqrt{\sigma_y B_c(t_w\sigma_{wy}+t_{vs}\sigma_{vy})} + t_b t_w\sigma_{wy} +$$
$$t_b t_{vs}\sigma_{vy} + (\frac{B_b}{2}+d-\frac{t_{vs}}{2})t_{se}\sigma_{sey} + (\frac{B_c}{2}-\frac{t_w}{2})t_{sn}\sigma_{sny} \tag{2.10}$$

另外,
$$\gamma = t_f\sqrt{B_c\sigma_y/(t_w\sigma_{wy}+t_{vs}\sigma_{vy})} \tag{2.11}$$

$$P_y^{\mathrm{NR2}} = 2t_f\sqrt{B_c\sigma_y\left[\frac{t_f^2\sigma_y}{2(B_c-B_b-d)}+t_w\sigma_{wy}+t_{vs}\sigma_{vy}\right]} + t_b t_w\sigma_{wy} +$$
$$t_b t_{vs}\sigma_{vy} + t_f^2\sigma_y\frac{t_b}{4(B_c-B_b-d)} + (\frac{B_b}{2}+d-\frac{t_{vs}}{2})t_{se}\sigma_{sey} +$$
$$(\frac{B_b}{2}+\frac{d}{2}-\frac{t_w}{2})t_{sn}\sigma_{sny}$$

$$\tag{2.12}$$

另外,
$$\eta = t_f\sqrt{B_c\sigma_y/\left[\frac{t_f^2\sigma_y}{2(B_c-B_b-d)}+t_w\sigma_{wy}+t_{vs}\sigma_{vy}\right]} \tag{2.13}$$

塑性屈服机构 NR3 和 NR4 中包含有 2 个未知数（α 和 β,x 和 y）,可以得到含有参数 ξ 和 λ 形式的承载力 P_y^{NR3} 和 P_y^{NR4}。式(2.14)和式(2.16)中,必须求出使得承载力最小时对应的参数 ξ 和 λ。

$$P_y^{\mathrm{NR3}} = 2t_f\sqrt{\sigma_y(B_b+d+\frac{t_b}{2\xi})(t_w\sigma_{wy}+t_{vs}\sigma_{vy}+\frac{\xi}{2}t_{sn}\sigma_{sny})} +$$
$$t_f^2\sigma_y(\frac{1}{\xi}+\xi) + t_b t_w\sigma_{wy} + t_b t_{vs}\sigma_{vy} + (\frac{B_b}{2}-\frac{t_{vs}}{2}+d)t_{se}\sigma_{sey} +$$
$$(B_b-\frac{B_c}{2}-\frac{t_w}{2}+d)t_{sn}\sigma_{sny}$$

$$\tag{2.14}$$

另外,$\alpha = t_f\sqrt{\sigma_y(B_b+d+\frac{t_b}{2\xi})/(t_w\sigma_{wy}+t_{vs}\sigma_{vy}+\frac{\xi}{2}t_{sn}\sigma_{sny})} \tag{2.15}$

$$P_y^{\mathrm{NR4}} = 2t_f\sqrt{\sigma_y(\frac{2B_b+d}{2}+\frac{3t_b}{4\lambda}+\frac{d}{2})(t_f^2\sigma_y\frac{1}{2d}+t_w\sigma_{wy}+t_{vs}\sigma_{vy}+\frac{\lambda}{2}t_{sn}\sigma_{sny})} +$$

$$t_f^2 \sigma_y \left(\frac{1}{\lambda} + \lambda \right) + t_b t_w \sigma_{wy} + t_b t_{vs} \sigma_{vy} + \left(\frac{B_b}{2} + \frac{d}{2} - \frac{t_{vs}}{2} \right) t_{se} \sigma_{sey} +$$

$$\left(B_b - \frac{B_c}{2} - \frac{t_w}{2} + d \right) t_{sn} \sigma_{sny} \tag{2.16}$$

另外，

$$x = t_f \sqrt{\sigma_y \left(\frac{2B_b + d}{2} + \frac{3t_b}{4\lambda} + \frac{d}{2} \right) \Big/ \left(t_f^2 \sigma_y \frac{1}{2d} + t_w \sigma_{wy} + t_{vs} \sigma_{vy} + \frac{\lambda}{2} t_{sn} \sigma_{sny} \right)}$$
$$\tag{2.17}$$

2.2.3   偏心节点的局部承载力

塑性屈服域 R 和 NR 系列中的承载力都是根据屈服线理论进行求解，各屈服机构中最小的荷载视为偏心节点承载力。因此，局部屈服时 H 型梁柱偏心节点的承载力为：

$$_{local}P_y = \min(P_y^R, P_y^{NR1}, P_y^{NR2}, P_y^{NR3}, P_y^{NR4}) \tag{2.18}$$

2.3   节点的拉伸试验

2.3.1   试验体和加载·测量方案

试验体取 H 型梁柱节点中的受拉翼缘侧区域中的部分节点构件。如表 2.1 和图 2.4 所示，根据槽形钢折板的厚度不同，共设计了 6 个试验体。其中，柱构件为 H-175×175×7.5×11。受拉翼缘的钢板厚度为 22 mm 和 9 mm 两种。其中，翼缘厚度 t_b 为 22 mm 的试验体，设计中考虑屈服类型为柱局部屈服型；梁翼缘厚度 t_b 为 9 mm 的试验体在设计中考虑屈服类型为梁屈服型，从而可验证槽形钢折板的补强效果。各试验体的反偏心侧的水平加劲肋厚度 t_{sn} 与槽形钢折板厚度 t_{se} 相同，这里为了后续研究方便，将槽形钢折板的翼缘和腹板厚度取为两个参数。梁翼缘腹板平面与槽形钢折板腹板平面共面，并与柱完全熔透焊接。为了验证柱局部屈服时的承载力计算精度，其中 2 个试验体的槽形钢折板的厚度分别为 6 mm 和 9 mm。

表 2.1 试验体及其承载力

试验体	t_{se} (t_{sn}) (mm)	t_{vs} (mm)	t_b (mm)	θ (°)	P_y^R (kN)	P_y^{NR1} (kN)	P_y^{NR2} (kN)	P_y^{NR3} (kN)	P_y^{NR4} (kN)	$_2P_y^*$ (kN)	P_b (kN)	$_{test}P_y$ (kN)	实验值/ 理论值
VS6-22	6(6)	6	22	37	**382**	681	607	532	686		642	460	1.20
VS9-22	9(9)	9	22	34	**463**	809	704	600	746			573	1.24
VS9-9	9(9)	9	9	34	425	743	637	523	661		231	229	0.99
VS9-9H	9(9)	9	9	19	464	854	1076	736	1144			226	0.98
VS6-22H	6(6)	6	22	19	**491**	765	1042	707	1075		642	590	1.20
TS6-22N*	6		22							575		636	1.11

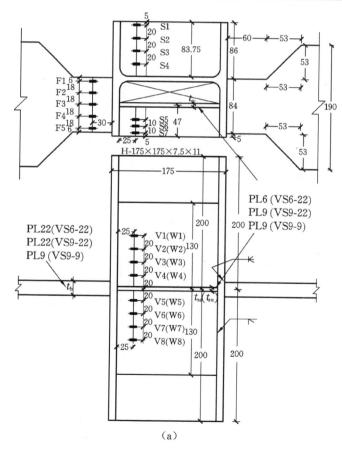

(a)

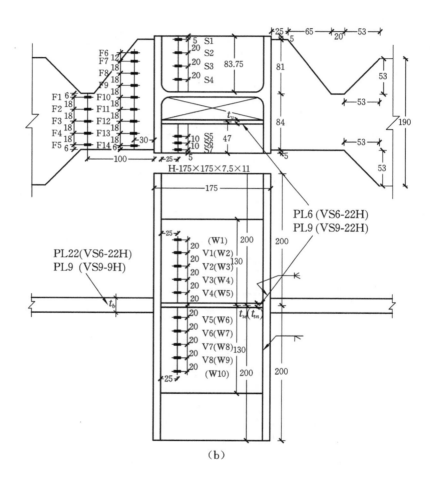

（b）

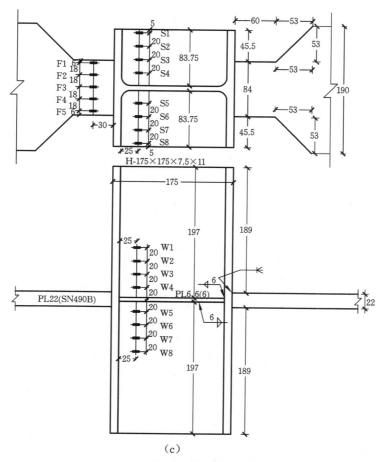

（c）

图 2.4　试验体及应变片布置方案

（a）试验体 VS6-22（VS9-22，VS9-9）；（b）试验体 VS6-22H（VS9-9H）；（c）试验体 TS6-22N

　　另外，为了进行比较，图 2.4（c）中的试验体 TS6-22N 为只设置水平加劲肋的非偏心试验体。材料的力学特性如表 2.2 所示，加载及测量方案如图 2.5 所示。为了实现图 2.2 所示的梁翼缘发生刚性转动变形的塑性屈服机构 R，采用铰接形式的夹具。在距离柱翼缘外侧边缘 170 mm 的位置处设置位移计，以测量其相对变形 d_1 和 d_2，梁翼缘中心点的变位 Δ 为 d_1 和 d_2 的平均值。试验在万能试验机上完成，且加载至柱翼缘产生明显的平面外变形为止。另外，对于偏心试验体，为了防止柱两端端部的过度变形，设置如图 2.6 所示形状的夹具。

表 2.2　材料力学特性

材料	屈服强度（N/mm²）	强度极限（N/mm²）	伸长率（%）
H-175×175×7.5×11*	291	444	28.50
［SS400]	304	446	25.50
22 mm 钢板 ［SN490B]	375	527	25.50
9 mm 钢板 ［SN400B]	305	446	29.50
6 mm 钢板 ［SN400B]	340	451	20.25

注：* —— 上部：翼缘；下部：腹板。

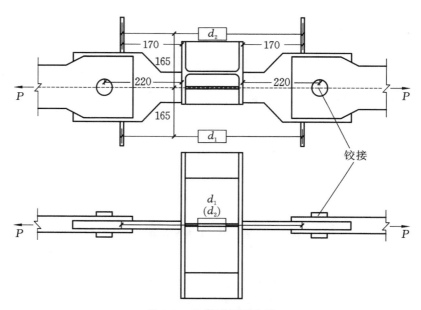

图 2.5　加载及测量方案

图 2.6　试验体装置图（试验体 VS6-22）

2.3.2　荷载和变形关系曲线

图 2.7 中的实线为各试验体的荷载-变形关系曲线。其中,曲线的割线刚度为初始刚度的 1/3 时对应的点定义为屈服点,其荷载水平视为承载力的实验值$_{test}P_y$,图中标注为 ●。图中也给出了式(2.18)中的$_{local}P_y$(表 2.1 中所示的局部承载力理论计算值 P_y^R,P_y^{NR1},P_y^{NR2},P_y^{NR3},P_y^{NR4} 中的最小值)和梁翼缘屈服荷载承载力($P_b = B_b \times t_b \times \sigma_{bfy}$,$\sigma_{bfy}$ 为梁翼缘屈服应力)的计算值。

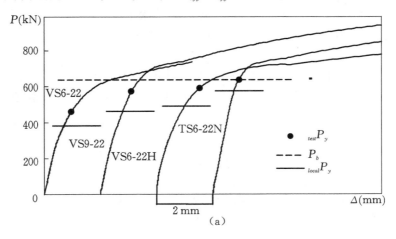

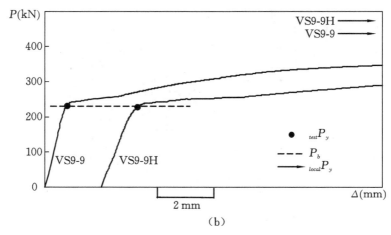

（b）

图 2.7 *P-Δ* 关系曲线

（a）试验体 VS6-22，VS9-22，VS6-22H，TS6-22N；（b）试验体 VS9-9，VS9-9H

    试验体 VS6-22，VS9-22，VS6-22H，TS6-22N 的 $_{local}P_y$ 与 P_b 相比非常小，故可确认其为柱局部屈服。承载力（屈服荷载）实验值 $_{test}P_y$ 和理论计算值（粗字体）的比较结果见表 2.1。由表中可以看出，偏心试验体（VS6-22，VS9-22，VS6-22H）和非偏心试验体（TS6-22N）的实验值分别比理论值大约 20% 和 10%。另外，本章中关于承载力的计算过程，未考虑加劲肋以及柱子的相关构件角焊缝对强度的影响，根据相关研究成果可知，角焊缝可提高 10% 左右的强度。试验体 VS6-22 和 VS9-22 相比，可以看出增大槽形钢折板翼缘和腹板（竖向加劲肋和水平加劲肋）的厚度，可提高其承载力（屈服强度）。

    另外，试验体 VS9-9 和 VS9-9H 的局部承载力 $_{local}P_y$ 与 P_b 相比都很大，可以确认其为梁翼缘屈服型。实验值 $_{test}P_y$ 与梁翼缘屈服荷载 P_b 比较拟合。

2.3.3   梁翼缘转动变形的研究

    2.2 节所建立的塑性屈服破坏机构 R 中，梁翼缘偏心侧和反偏心侧的变形不相等，梁翼缘视为刚性板产生局部转动变形。图 2.8 为 $P\text{-}d_1$ 和 $P\text{-}d_2$ 的关系曲线。局部屈服荷载承载力 $_{local}P_y$ 和梁翼缘屈服荷载承载力 P_b 亦在图中给出。这里，d_1 和 d_2 分别为图 2.5 中所示的偏心侧和反偏心侧的变形。

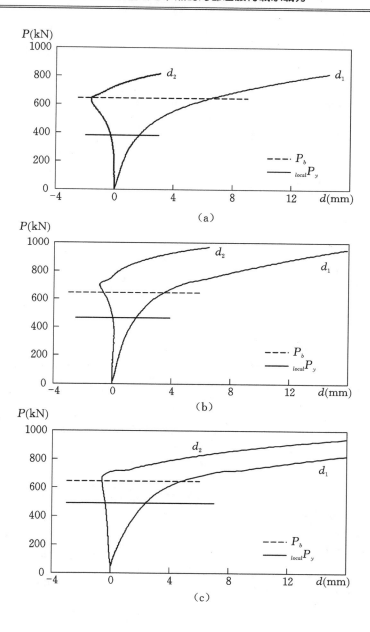

（a）

（b）

（c）

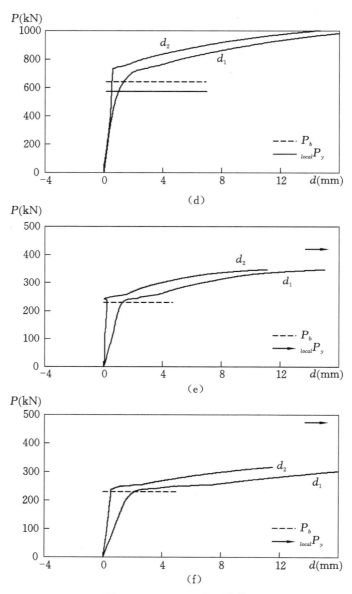

图 2.8 $P\text{-}d_1(d_2)$ 关系曲线

(a) 试验体 VS6-22；(b) 试验体 VS9-22；(c) 试验体 VS6-22H；

(d) 试验体 TS6-22N；(e) 试验体 VS9-9；(f) 试验体 VS9-9H

　　试验体 VS6-22、VS9-22、VS6-22H 中,偏心侧的变形 d_1 为单调增大,反偏心侧的变形 d_2 在梁屈服荷载 P_b 处发生少许的压缩变形。对于无加腋板的试验体 VS6-22、VS9-22,局部屈服荷载承载力 $_{local}P_y$,压缩变形的变形量 d_2 比较显著。由此可以看出,其塑性屈服破坏机构为体现梁翼缘发生转动(扭转变形)的机构 R,机构 R 的屈服荷载承载力即为各机构中的最小值。梁屈服后 d_2 和 d_1 同方向单调增大。梁屈服荷载 P_b 附近,试验体 VS6-22 梁翼缘的转角(根据 d_1 与 d_2 的差值计算)最大,其转角约为 $\frac{1}{80}$°。

　　由图 2.8 中可以看出,非偏心试验体中 TS6-22N,d_1 与 d_2 之间的差值较小。偏心试验体 VS9-9、VS9-9H 梁翼缘先屈服,柱子未发生屈服而处于弹性状态,d_1 与 d_2 之间的差值较大。一般认为其原因是非偏心侧的刚度比偏心侧的刚度大。

2.3.4　应变分布

　　在试验体的相关部位粘贴应变片,用来考察各构件的应变响应。对于试验体 VS6-22、VS9-22 和 VS6-22H,加载水平至梁翼缘屈服荷载时,各加载水平下柱腹板的应变 ε 分布和槽钢腹板(竖向加劲肋)应变 ε_v 分布,以及塑性屈服破坏机构 R 的塑性屈服域(▼ 符号所包含的范围)如图 2.9 和图 2.10 所示。图 2.9(c)中,左边第 4 个应变片由于未采集到数据,左侧第 3 个应变片与第 5 个应变片直线连接。与柱腹板的应变相比,竖向加劲肋的应变响应较大。设置有加腋板的试验体 VS6-22H 柱腹板应变在预定的屈服范围内亦未变大。这一点,一般认为与图 2.11(c)所示的非偏心侧水平加劲肋和梁翼缘的应变中部分为负值(压应变)有一定的关系。

　　各加载水平下,槽形钢折板翼缘(水平加劲肋)的应变分布 ε_s 和梁翼缘的应变分布 ε_{bf} 如图 2.11 所示。对于反偏心侧的水平加劲肋,试验体 VS6-22、VS9-22 中的应变近似为零,但布置有加腋板的试验体 VS6-22H 外边缘区域产生了压应变。对于偏心侧的水平加劲肋,其应变响应均在加载水平小于屈服荷载实验值 $_{test}P_y$(460 kN、573 kN 和 590 kN)时超出了应变。

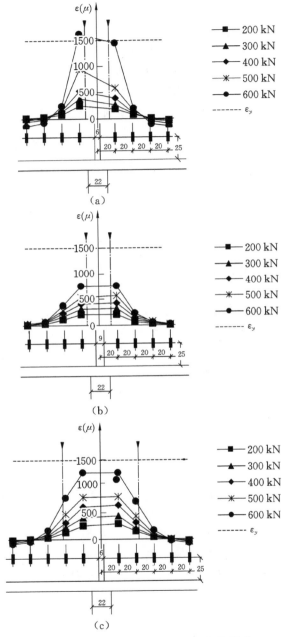

图 2.9　柱腹板应变分布和预定的屈服域

（a）试验体 VS6-22；（b）试验体 VS9-22；（c）试验体 VS6-22H

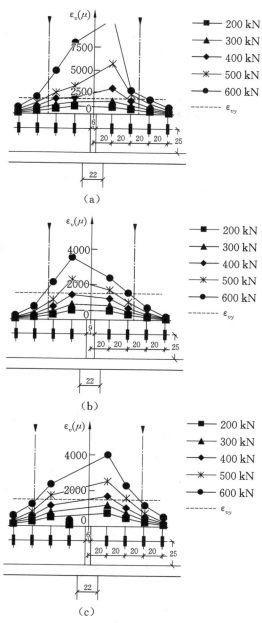

图 2.10 竖向加劲肋应变分布和预定的屈服域

（a）试验体 VS6-22；（b）试验体 VS9-22；（c）试验体 VS6-22H

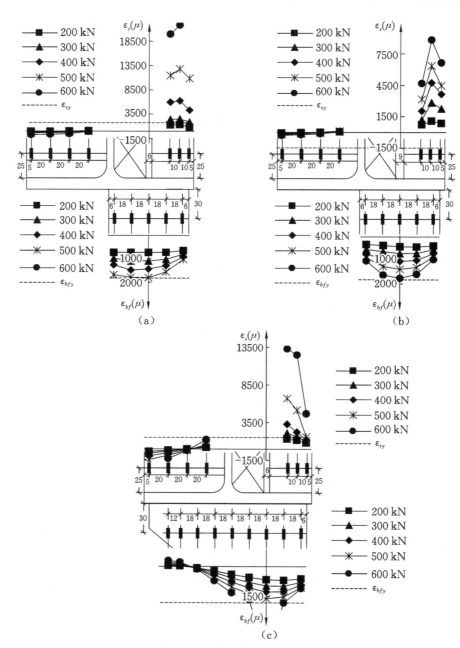

图 2.11　水平加劲肋和梁翼缘的应变分布响应

（a）试验体 VS6-22；（b）试验体 VS9-22；（c）试验体 VS6-22H

2.3.5　实验后的残余变形

实验前,在试验体的柱子翼缘上画出 1 cm × 1 cm 的方格,试验后,测定其平面外的变形。在图 2.12 中,试验体 VS6-22、VS9-22、VS6-22H 在试验后,柱子翼缘的平面外残余变形的等高线用 0.25 mm 间隔的细线画出。另外,机构 R 假设的屈服线用粗实线画出。为确定机构 R,屈服线的 θ 值如表 2.1 所示。等高线虽偏离预想的屈服线外侧较远,但其变形形态与机构 R 较类似。所有的试验体柱子的变形均发生在与翼缘相连的节点附近,柱端部未发生变形。图 2.13 为试验结束后试验体 VS6-22 的变形状态。

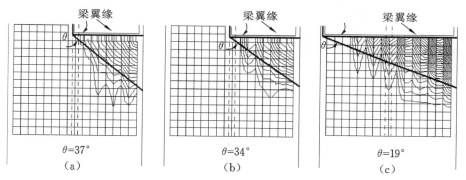

$\theta=37°$ (a) 　　　$\theta=34°$ (b) 　　　$\theta=19°$ (c)

图 2.12　柱翼缘平面外残余变形的等高线及假定的屈服线
(a) 试验体 VS6-22;(b) 试验体 VS9-22;(c) 试验体 VS6-22H

图 2.13　试验后的变形状态(试验体 VS6-22)

2.4　小结

本章中,从理论分析角度给出了利用槽形钢折板(其翼缘相当于水平加劲肋,腹板相当于竖向加劲肋)补强 H 型柱 H 型梁偏心节点的局部屈服荷载承载力的计算方法,并将节点构件的一部分取出,进行了拉伸试验。考察的内容及结论如下。

(1)假定梁翼缘作为刚性板整体转动变形,建立了 3 种塑性屈服破坏机构,利用屈服线理论给出了理论分析计算方法。

(2)受拉翼缘节点处的部分构件为试验体,根据加劲肋等的设置不同,共进行了 6 组试验。试验体中,为了让梁翼缘可发生整体转动变形(扭转变形),其端部加载的夹具采用了铰接形式,并进行拉伸试验,验证其弹塑性响应。

(3)对于发生柱子局部屈服的试验体,由于柱子的局部屈服,其翼缘发生屈服之前,整体转动变形(扭转变形)比较明显。这一点,与考虑转动变形的塑性屈服破坏机构相吻合,故该机构的屈服荷载承载力为各破坏机构确定的屈服荷载承载力中的最小值。理论计算值比试验值小 20% 左右。

(4)试验加载过程中,采集了柱腹板、槽形钢翼缘(水平加劲肋)和腹板(竖向加劲肋)的应变分布以及柱翼缘平面外的变形。从上述响应中可以看出,发生局部屈服的偏心试验体的变形形态,与考虑梁翼缘整体转动变形的塑性屈服破坏机构相吻合。

(5)从梁翼缘中设置加腋板的试验体的试验结果可以看出,加腋板可以提高屈服荷载承载力。非偏心侧的水平加劲肋以及梁翼缘加腋板的应变为压应变,因此可以确定加腋板对梁翼缘的转动变形具有约束作用。

(6)对于柱构件局部屈服的偏心试验体,偏心侧水平加劲肋的变形显著;梁屈服型的试验体,弹性状态时偏心侧的变形较大,因此对于偏心侧应设置足够厚度的水平加劲肋。

3 H型梁柱偏心节点的节点域力学性能研究

3.1 序

本章中,对 H 型梁柱偏心节点的节点域进行力学性能的研究,推导出其承载力的计算方法,并对节点域的变形响应进行分析。首先,考虑梁偏心设置引起的附加扭矩对节点域承载力的影响,构建承载力计算公式。在此基础上,用 T 字形试验体进行循环荷载试验,通过考察节点域的变形形态以及节点域周边构件的应变分布,验证理论分析的精度。最后,以十字形梁柱构件为模型,在两端受到相反方向作用力时,进行有限元分析,并以构件的断面尺寸为参数,对节点域承载力的精度进行验证。

3.2 偏心节点的节点域承载力

本章以图 3.1 所示的 H 型梁柱偏心节点为研究对象,槽形钢折板的腹板(竖向加劲肋)称之为梁节点域,柱腹板称之为柱节点域。本节中,将考虑在梁偏心设置引起的附加扭矩的影响下,节点域承载力的计算。

3.2.1 附加扭矩

如图 3.2(a) 所示,梁构件传递给节点处的水平荷载为 $P_f = P_f^L + P_f^R$,该荷载对节点剪力中心 S 进行简化,其等效荷载为 P_f 和附加扭矩 M。另外,图 3.2(b) 中的 e 为梁腹板至剪力中心的距离。

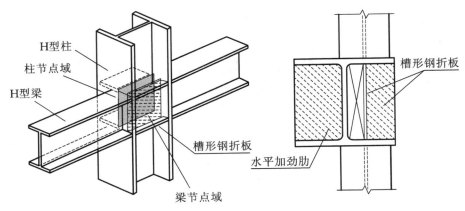

图 3.1　H 型梁柱偏心节点

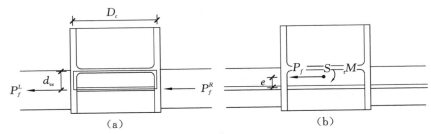

图 3.2　梁翼缘荷载的等效转换

（a）梁翼缘荷载；（b）附加扭矩

3.2.2　剪力的分析

　　如图 3.3（a）所示,考虑十字形梁柱构件和梁单侧设置的构件,通过节点剪力中心 S 的水平方向剪力与传统的节点形式的剪力相类似的分析方法,可得

$$Q = n_b \frac{Fl}{2H_b}(1 - \frac{D_c}{l} - \frac{H_b}{h}) \tag{3.1}$$

式中,F 为梁端荷载;D_c 为柱翼缘中心间距;H_b 为梁翼缘中心间距;l 为梁的跨度;h 为柱的跨度;n_b 为梁构件数,十字形构件中 $n_b = 2$,梁单侧设置的构件中 $n_b = 1$。

　　图 3.2 中,假定梁翼缘荷载仅传递给柱节点域和梁节点域,并依据此假

定的力学模型,近似确定剪力中心。通过剪力中心的荷载 Q 传递给柱节点域和梁节点域的水平剪力依据柱节点域和梁节点域的惯性矩的比例进行分配,则梁节点域的剪力 Q_{vs} 和柱腹板节点域的剪力 Q_{cw} 分别为

$$Q_{vs} = \frac{n_b \cdot Fl}{2H_b} \frac{t_{vs}}{t_w + t_{vs}} (1 - \frac{D_c}{l} - \frac{H_b}{h}) \quad (3.2)$$

$$Q_{cw} = \frac{n_b \cdot Fl}{2H_b} \frac{t_w}{t_w + t_{vs}} (1 - \frac{D_c}{l} - \frac{H_b}{h}) \quad (3.3)$$

式中,t_w 为柱腹板厚度;t_{vs} 为槽形钢折板腹板(竖向加劲肋)厚度。

另外,因节点处绕剪力中心 S 的力矩平衡,即 $Q_{vs} \cdot e - Q_{cw} \cdot (d_{vs} - e) = 0$,则节点的剪力中心可由下式求得:

$$e = \frac{t_w d_{vs}}{t_w + t_{vs}} \quad (3.4)$$

式中,d_{vs} 为柱腹板至槽形钢折板腹板(竖向加劲肋)的距离。

3.2.3 附加扭矩的分配

未设置槽形钢折板的柱构件中,剪力中心为柱腹板的中心。因此,对于图 3.3(b) 所示的柱构件,其剪力中心和节点的剪力中心不一致。本章节中,通过对水平剪力的平移简化,依据附加扭矩力学平衡的原理,将柱构件平移至节点的剪力中心,使得柱构件剪力中心与节点剪力中心一致,构成连续的力学模型,如图 3.3(c) 所示。图中,l_p 为节点域高,l_c 为柱构件长度。

附加扭矩 $_tM$ 为

$$_tM = P_f \cdot e \quad (3.5)$$

将式(3.4) 代入式(3.5),并考虑 $P_f = n_bF(l - D_c)/(2H_b)$,则附加扭矩 $_tM$ 可变为

$$_tM = n_b \cdot F \frac{l - D_c}{2H_b} \frac{t_w d_{vs}}{t_w + t_{vs}} \quad (3.6)$$

将附加扭矩 $_tM$ 依据柱构件和节点处横截面的圣维南系数的比例进行分配,则柱构件扭矩 M_{tc} 和节点部分的扭矩 M_{tp} 的关系为:

$$_tM = M_{tc} + M_{tp} \quad (3.7)$$

$$M_{tc} = \frac{n_b \cdot F(l - D_c)}{2H_b} \cdot \frac{t_w d_{vs}}{t_w + t_{vs}} (1 - \frac{K_{tp}/l_p}{K_{tp}/l_p + K_{tc}/l_c}) \quad (3.8)$$

$$M_{tp} = \frac{n_b \cdot F(l - D_c)}{2H_b} \cdot \frac{t_w d_{vs}}{t_w + t_{vs}} \frac{K_{tp}/l_p}{K_{tp}/l_p + K_{tc}/l_c} \quad (3.9)$$

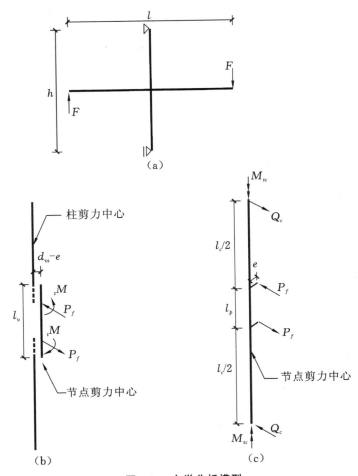

图 3.3 力学分析模型

(a) 十字形构件；(b) 剪力中心位置；(c) 剪力中心的假定及扭矩的平衡

式中，K_{tc} 为柱构件圣维南系数；K_{tp} 为节点全截面的圣维南系数。

另外，K_{tc} 和 K_{tp} 的表达式为：

$$K_{tc} = \frac{1}{3}\left[2B_c t_f^3 + (D_c - t_f)t_w^3\right] \quad (3.10)$$

$$K_{tp} = K_{tube} + K_{cf} \quad (3.11)$$

式中，t_f 为柱翼缘厚度；B_c 为柱翼缘幅宽。

由于设置了槽形钢折板，其腹板与柱翼缘形成了一个新的封闭横截面，因此需要考虑其封闭横截面的圣维南系数 K_{tube}。K_{cf} 为封闭横截面以外的柱翼缘的圣维南系数。K_{tube} 和 K_{cf} 的计算表达式为：

$$K_{tube} = 4 (d_{vs} D_c)^2 \times \frac{1}{\dfrac{D_c}{t_{vs}} + \dfrac{D_c}{t_w} + 2 \times \dfrac{d_{vs} - t_w/2 - t_{vs}/2}{t_f}} \qquad (3.12)$$

$$K_{cf} = 2 [(\frac{B_c}{2} - \frac{t_w}{2}) \times t_f^3/3 + (\frac{B_c}{2} - d_{vs} - \frac{t_{vs}}{2}) \times t_f^3/3] \qquad (3.13)$$

另外，3.2.2 节中计算节点的剪力中心时，只考虑两个节点域的抵抗作用，忽略了柱翼缘的作用。但是在式(3.10)中所表述的柱横截面扭转惯性矩以及相对应的节点部分的横截面扭转惯性矩中考虑了柱翼缘的影响。

附加扭矩作用于梁节点域剪力增大方向和柱节点域剪力减小方向。同时，对于封闭横截面分担的扭矩 M_s，根据式(3.9)所表述的节点部分的扭矩依据圣维南系数进行分配，即 $M_s = M_{tp} K_{tube}/K_{tp}$，因此有：

$$M_s = \frac{n_b \cdot F(l - D_c)}{2H_b} \cdot \frac{t_w d_{vs}}{t_w + t_{vs}} \frac{K_{tube}/l_p}{K_{tp}/l_p + K_{tc}/l_c} \qquad (3.14)$$

由于封闭横截面扭矩 M_s 的作用，其梁节点域增加的剪力 $_tQ_{vs}$ 和柱节点域减少的剪力 $_tQ_{cw}$ 分别为：

$$_tQ_{vs} = \frac{M_s}{2D_c d_{vs} t_{vs}} D_c t_{vs} = \frac{n_b \cdot F(l - D_c)}{4H_b} \cdot \frac{t_w}{t_w + t_{vs}} \frac{K_{tube}/l_p}{K_{tp}/l_p + K_{tc}/l_c}$$
$$(3.15)$$

$$_tQ_{cw} = \frac{M_s}{2D_c d_{vs} t_w} D_c t_w = \frac{n_b \cdot F(l - D_c)}{4H_b} \cdot \frac{t_w}{t_w + t_{vs}} \frac{K_{tube}/l_p}{K_{tp}/l_p + K_{tc}/l_c}$$
$$(3.16)$$

3.2.4　梁节点域和柱节点域的剪力

综合式(3.2)、式(3.3) 和式(3.15)、式(3.16)，梁节点域的剪力 Q_{bp} 和柱节点域的剪力 Q_{cp} 分别为：

$$Q_{bp} = Q_{vs} + _tQ_{vs}$$
$$= \frac{n_b \cdot Fl}{2H_b} \cdot \frac{t_{vs}}{t_w + t_{vs}} [(1 - \frac{D_c}{l} - \frac{H_b}{h}) + \frac{t_w}{t_{vs}} \frac{(l - D_c)}{2l} \frac{K_{tube}/l_p}{K_{tp}/l_p + K_{tc}/l_c}]$$
$$(3.17)$$

$$Q_{cp} = Q_{cw} - {}_t Q_{cw}$$

$$= \frac{n_b \cdot Fl}{2H_b} \cdot \frac{t_w}{t_w + t_{vs}} \left[\left(1 - \frac{D_c}{l} - \frac{H_b}{h} \right) - \frac{(l - D_c)}{2l} \frac{K_{tube}/l_p}{K_{tp}/l_p + K_{tc}/l_c} \right]$$

$$(3.18)$$

3.2.5　梁节点域的屈服荷载承载力

槽形钢折板腹板即竖向加劲肋的屈服切应力用 τ_{vsy} 表示,则梁节点域的剪力达到 $Q_{bpy} = D_c t_{vs} \tau_{vsy}$ 时,认为其屈服。此时,对于图 3.3(a) 所示,在梁端部作用有荷载 F 的力学模型中,梁节点域屈服时梁端部荷载 F 为:

$$_{eval}F_{bp} = Q_{bpy} / \left\{ \frac{n_b \cdot l}{2H_b} \cdot \frac{1}{t_w + t_{vs}} \left[t_{vs} \left(1 - \frac{D_c}{l} - \frac{H_b}{h} \right) - \right. \right.$$

$$\left. \left. t_w \frac{(l - D_c)}{2l} \frac{K_{tube}/l_p}{K_{tp}/l_p + K_{tc}/l_c} \right] \right\}$$

$$(3.19)$$

因此节点屈服时梁端部荷载 $_{eval}F_{con}$ 的表达式为:

$$_{eval}F_{con} = \min(_{eval}F_{bp}, {}_{eval}F_{by}, {}_{eval}F_{cy}, {}_{eval}F_{cp}) \qquad (3.20)$$

式中, $_{eval}F_{bp}$ 为梁节点域屈服时的梁端荷载; $_{eval}F_{by}$ 为梁屈服时的梁端荷载; $_{eval}F_{cy}$ 为柱屈服时的梁端荷载; $_{eval}F_{cp}$ 为柱节点域屈服时的梁端荷载。

另外,扭矩的分配使得梁节点域的剪力增大,柱节点域的剪力减小,故一般情况下梁节点域会先屈服。

3.3　节点拟静力试验

3.3.1　试验方案

本试验共有 3 组试验体,均为 H 型梁柱偏心节点组成的 T 字形试验体。如图 3.4 所示,柱构件水平放置,梁构件铅垂放置。试验体详细信息如表 3.1 所示,柱构件为 H-200×200×8×12,梁构件有 H-200×100×5.5×8 和 BH-208×100×12×16 两种类型。偏心侧的槽形钢折板的厚度分别为 6 mm 和 12 mm。另外,反偏心侧的水平加劲肋的厚度为 9 mm。梁翼缘和柱采用角焊缝。试验体材料属性如表 3.2 所示。

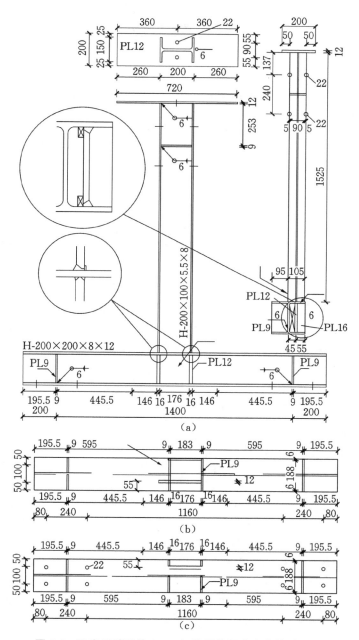

图 3.4   T 字形试验体（t-12B）**的形状及应变片粘贴位置**

（a）正视图；（b）上翼缘俯视图；（c）下翼缘仰视图

表 3.1　试验体构件

试验体	柱	梁	t_{sn}（mm）	t_{se}（t_{vs}）（mm）	$_{eval}F_{bp}$（kN）	$_{eval}F_{by}$（kN）
t-6P	H-200×200×8×12	BH-208×100×12×16	9	6	46.1	100.2
t-6B		H-200×100×5.5×8		6	46.1	42.6
t-12B				12	84.1	42.6

表 3.2　材料力学特性

材料	屈服强度（N/mm²）	强度极限（N/mm²）	伸长率（%）
H-200×200×8×12*［SN400B］	268 / 338	423 / 440	32.0 / 27.0
H-200×100×5.5×8*［SS400］	299 / 345	416 / 467	30.5 / 29.5
6 mm 钢板［SN400B］	340	451	20.3
9 mm 钢板［SN400B］	305	446	29.5
12 mm 钢板［SN400B］	308	416	25.8

注：*——上部：翼缘；下部：腹板。

　　如表 3.1 所示，梁构件为 BH-208×100×12×16，槽形钢厚度为 6 mm 的模型称为试验体 t-6P。梁构件为 H-200×100×5.5×8，槽形钢厚度为 6 mm 和 12 mm 的模型分别称之为 t-6B 和 t-12B。表 3.1 中给出了各试验体的梁节点域屈服荷载理论值 $_{eval}F_{bp}$ 和梁屈服荷载的理论值 $_{eval}F_{by}$。试验体 t-6P 中，$_{eval}F_{bp}$ 值较小。其他试验体即 t-6B 和 t-12B，其 $_{eval}F_{by}$ 值较小。

3.3.2 加载方案和变形的测量

加载方案以及变形的测量如图 3.5 所示。水平放置的柱构件两端铰接，竖直放置的梁构件顶部安装了 2 组端板构件组成的夹具，以防止梁构件平面外变形。3.2 节推导出的承载力公式，并未考虑梁端扭转变形受到的约束，但是试验体中由于夹具的作用，其扭转变形受到了约束。这种约束的影响将在 3.4.3.3 节中进行分析，加载装置放置在梁端部，其整体装置见图 3.6。

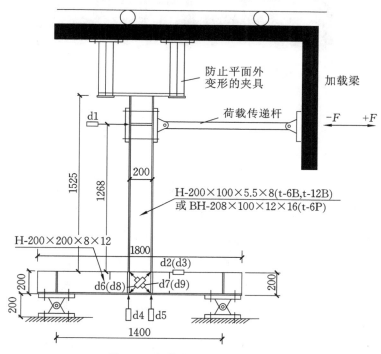

图 3.5　加载方案及变形的测定

加载的荷载水平如图 3.7 所示。每次加载循环均以整体变形（位移计 d1 的数值）为 $\pm 2\Delta_u$、$\pm 4\Delta_u$、$\pm 8\Delta_u$，并且正负加载 2 次循环。在完成最后一次循环后，正向加载至承载力的 90% 或至加载装置的变形量程时，试验结束。另外，试验体 t-12B 梁屈服时整体变形 $\Delta_u = 8.6$ mm。

依据位移计 d1 ~ d9 的布置方案，可测得整体变形、梁变形、节点域的剪切变形。梁和柱构件节点域中心处粘贴有 3 向应变片，梁及柱构件的翼缘中

图 3.6　试验体装置（试验体 t-6P）

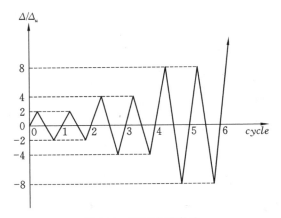

图 3.7　荷载加载曲线

粘贴有应变片。其粘贴位置如图 3.4 及后文图 3.16、图 3.17 所示。

3.3.3　试验结果

3.3.3.1　试验体的变形

图 3.8 中的实线为各试验体的梁端荷载 F 与整体变形角 θ_g 的关系曲线。● 为 3.4.1 节中的有限元数值分析结果。其中 δ_T 为位移计 d1 的值。

$L_T(L_T = 1368\ \text{mm})$为荷载作用点至柱构件轴线的竖直方向的距离。另外，同图中的▲代表梁构件受压翼缘局部屈曲。试验体 t-6P 其加载装置达到了最大量程，试验体 t-6B 和试验体 t-12B 在加载水平达到其承载力的 90％ 时试验终止。试验体 t-6P 与试验体 t-6B 相比，其梁构件承载力较高，且其滞回曲线相对比较圆滑，变形响应较为稳定。这一差别，可认为是试验体 t-6P 的节点域发生了多次塑性变形而导致的。另外，试验体 t-6B 和试验体 t-12B 为梁屈服型，大变形时，梁翼缘发生局部屈曲，从而导致承载力低。

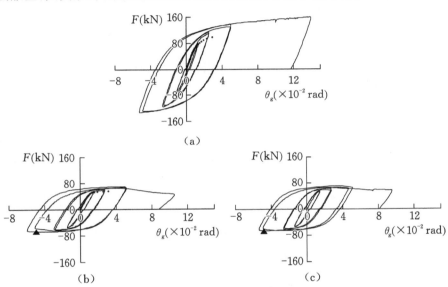

图 3.8　荷载-整体变形角的关系曲线

(a) 试验体 t-6P；(b) 试验体 t-6B；(c) 试验体 t-12B

3.3.3.2　梁的变形

图 3.9 为荷载-梁变形角 θ_b 的关系曲线。这里，梁变形角定义为整体变形角除以节点变形角而得到梁端相对变形角，可用位移计 d1 ～ d5 计算。梁屈服型试验体 t-6B 和 t-12B 的变形响应较为相似。

3.3.3.3　节点域的变形响应

图 3.10 为荷载-梁节点域剪切变形角的关系曲线，图 3.11 为荷载-柱节点域剪切变形角的关系曲线。节点域的剪切变形角公式为式(3.21)，梁节点域剪切变形角为 $_p\gamma_b$，柱节点域剪切变形角为 $_p\gamma_c$。

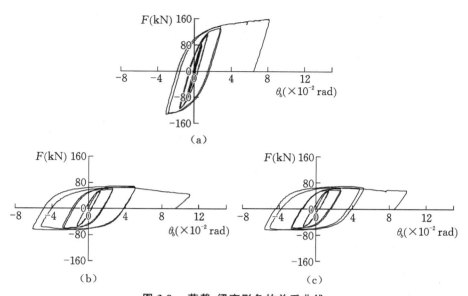

图 3.9　荷载–梁变形角的关系曲线

（a）试验体 t-6P；（b）试验体 t-6B；（c）试验体 t-12B

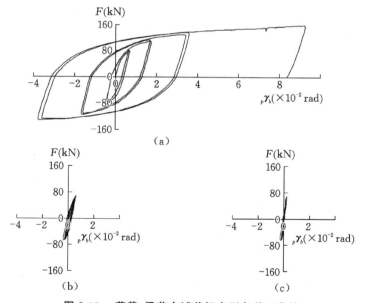

图 3.10　荷载–梁节点域剪切变形角关系曲线

（a）试验体 t-6P；（b）试验体 t-6B；（c）试验体 t-12B

$$_p\gamma = \sqrt{D_c^2 + H_b^2}\,(\delta_R - \delta_L)/(2D_c H_b) \tag{3.21}$$

式中,δ_R、δ_L 为图 3.12 中所示的对角线长度的变化量。

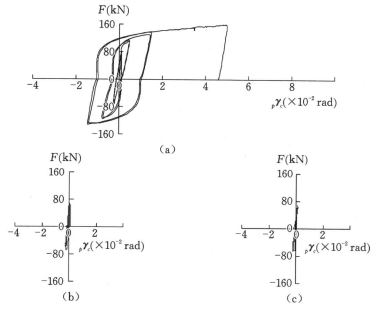

（a）

（b）   （c）

图 3.11   荷载–柱节点域剪切变形角关系曲线
（a）试验体 t-6P;（b）试验体 t-6B;（c）试验体 t-12B

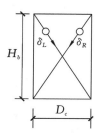

图 3.12   节点域剪切变形角的计算参数

梁节点域中,δ_R、δ_L 为位移计 d6 和 d7 的值;柱节点域中,δ_R、δ_L 为位移计 d8 和 d9 的值。

对于试验体 t-6P,其梁节点域和柱节点域的剪切变形角较大,但对于梁屈服型的试验体 t-6B 和试验体 t-12B,其节点域剪切变形角较小。依据试验结果可以看出,试验体 t-6B 中的槽形钢 6 mm 厚竖向加劲肋大大减小了节点域的变形。另外,试验体 t-6P 中,梁节点域的变形比柱节点域的变形大。

3.3.3.4 节点域承载力

图 3.13 为试验体的骨架曲线,并给出了达到最大承载力过程中,梁的变形角、梁节点域变形角以及柱节点域变形角。骨架曲线中,梁变形角、梁节点域变形角和柱节点域变形角分别用 θ_{bs}、$_p\gamma_{bs}$ 和 $_p\gamma_{cs}$ 表示。割线刚度为初始刚度的 1/3 时对应的荷载水平定义为屈服荷载,并根据此定义,梁节点域屈服荷载 $_{test}F_{bpy}$,柱节点域屈服荷载 $_{test}F_{cpy}$,梁屈服荷载 $_{test}F_{by}$ 均用 ● 符号表示。式(3.19)中的梁节点域屈服时荷载理论值 $_{eval}F_{bp}$ 和梁屈服时的荷载 $_{eval}F_{by}$ 理论值在图中用横线"—"加以表示。

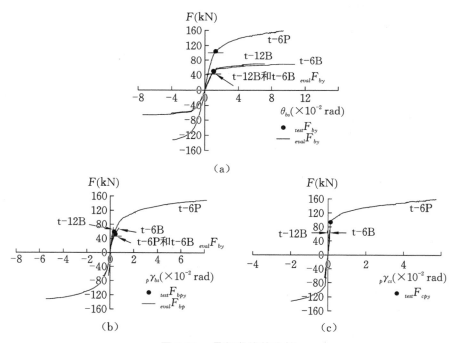

图 3.13　骨架曲线的比较

(a) 梁的变形响应;(b) 梁节点域的变形响应;(c) 柱节点域的变形响应

各试验体的屈服荷载如表 3.3 所示。屈服荷载的实验值 $_{test}F_{con}$ 的最小值用斜、粗体表示,理论值的最小值 $_{eval}F_{con}$ 用粗体表示,表格最右列为 $_{test}F_{con}/_{eval}F_{con}$。节点域屈服的试验体 t-6P 的实验值比理论值大 26%

左右。

表 3.3　试验体屈服荷载的比较

试验体	$_{test}F_{bpy}$（kN）	$_{test}F_{cpy}$（kN）	$_{test}F_{by}$（kN）	$_{eval}F_{bp}$（kN）	$_{eval}F_{by}$（kN）	$_{test}F_{con}$ / $_{eval}F_{con}$
t-6P	**58.2**	92.6	104.2	**46.1**	100.2	1.26
t-6B	52.1	—*	**49.7**	46.1	**42.6**	1.16
t-12B	—*	—*	**48.5**	84.1	**42.6**	1.14

注：＊——节点域未屈服。

3.3.3.5　节点域、柱翼缘和梁翼缘的应变响应

梁、柱节点域中心处粘贴有 3 轴应变片，其荷载–梁节点域最大切应变$_p\gamma_{b\max}$ 以及与柱节点域最大切应变$_p\gamma_{c\max}$ 的关系曲线如图 3.14、图 3.15 所

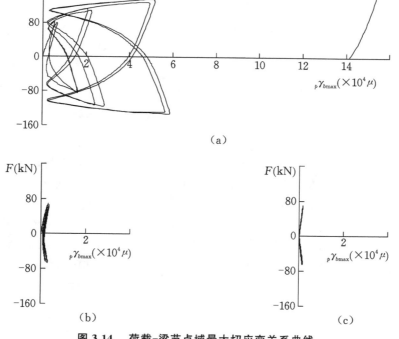

（a）

（b）　　　　　　　　（c）

图 3.14　荷载–梁节点域最大切应变关系曲线
（a）试验体 t-6P；（b）试验体 t-6B；（c）试验体 t-12B

示。由图中可以看出,试验体 t-6P 中两个节点域都发生屈服,其中梁节点域的应变比柱构件节点域的应变大。另外,试验体 t-6B 和 t-12B 均为弹性响应。上述应变响应均与图 3.10、图 3.11 所示的节点域变形相对应。

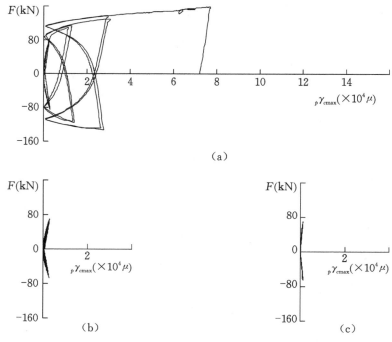

图 3.15　荷载-柱节点域最大切应变的关系曲线

（a）试验体 t-6P;（b）试验体 t-6B;（c）试验体 t-12B

在加载开始后,随着加载水平的提高,各荷载水平下柱翼缘的应变分布 ε_{cf} 和梁翼缘的应变分布 ε_{bf} 如图 3.16 和图 3.17 所示。从柱翼缘应变分布的比较来看,试验体 t-6P 和 t-6B 的偏心侧应变响应较大,此分布特点为节点偏心影响所致,竖向加劲肋较厚的试验体 t-12B 中,柱翼缘应变的整体响应较为均匀,节点偏心的影响较小。梁翼缘应变分布具有类似的特点,试验体 t-6P 偏心侧的应变（bf3）较大。试验结束后,试验体 t-6P 的状态如图 3.18 所示。

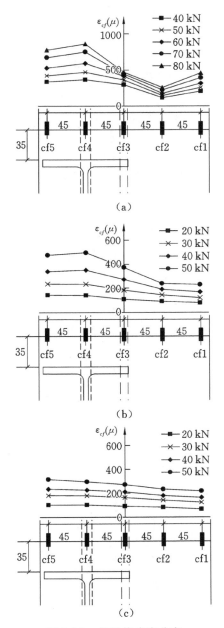

图 3.16　柱翼缘应变分布

（a）试验体 t-6P；（b）试验体 t-6B；（c）试验体 t-12B

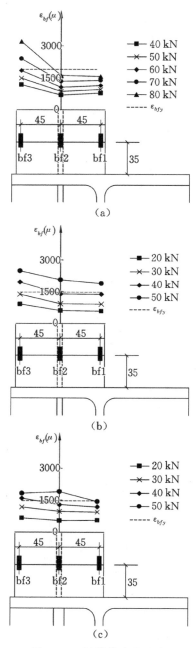

图 3.17　梁翼缘应变分布

（a）试验体 t-6P；（b）试验体 t-6B；（c）试验体 t-12B

（a）

（b）

图 3.18　试验结束后的变形状态（试验体 t-6P）

（a）偏心侧节点域；（b）反偏心侧节点域

3.4　有限元分析

3.4.1　分析概要

第 3.3 节中所述的试验体的柱构件采用的是 H-200×200,本节中为了明确构件截面不同时承载力理论分析公式的精度,以构件截面形式为参数,建立图 3.19 所示的十字形构件模型,进行有限元弹塑性分析。数值有限元分析采用大型商用有限元软件 ANSYS 11.0,单元采用 4 节点板单元 shell.181。柱截面中,翼缘分割成 20 份,腹板分割成 20 份。梁截面中,翼缘分割成 10 份,腹板分割成 20 份。构件轴向方向,梁柱节点附近分割较密,远离梁柱节点区域的部分分割较为粗糙。上下柱端采用如图 3.19 所示的约束条件,梁端施加反对称荷载,整体变形角达到 0.05 rad 时终止计算。约束和加载处的构件采用刚体。钢材的应力-应变关系采用 von Mises 屈服准则,根据材料的力学性能试验结果,采用 multi-linear 力学模型。弹性模量为 2.05×10^5 N/mm²,泊松比为0.3。材料力学特性如表 3.4 和图 3.20 所示。另外,为了明确解析模型的准确性,以 3.3 节中所述的试验体为研究对象,进行数值有限元分析。解析结果如图 3.8(a) 和图 3.8(b) 的点画线所示。图 3.8(a) 的分析结果中,承载力较低,可认为是由于未考虑其焊接对承载力的影响。

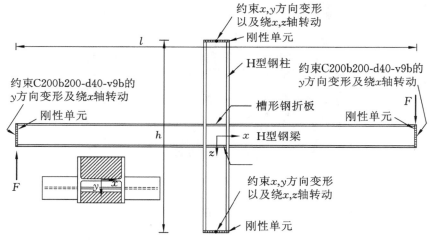

图 3.19　十字形构件有限元分析模型

表 3.4　材料特性

材料	屈服强度 (N/mm²)	强度极限 (N/mm²)	伸长率(%)
H 型柱*	291	444	28.5
	304	446	25.5

续表 3.4

材料	屈服强度 （N/mm²）	强度极限 （N/mm²）	伸长率（%）
H 型梁 *	303 303	424 424	25.5 25.5
9 mm 钢板	305	460	26.0
12 mm 钢板	314	446	26.3
16 mm 钢板	343	469	24.0
19 mm 钢板	352	538	26.5
22 mm 钢板	375	527	25.5

注: * —— 上层:翼缘;下层:腹板。

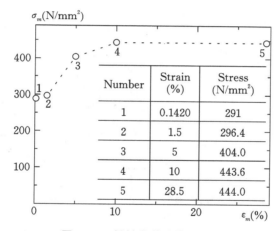

Number	Strain (%)	Stress (N/mm²)
1	0.1420	291
2	1.5	296.4
3	5	404.0
4	10	443.6
5	28.5	444.0

图 3.20　材料力学特性的模型

3.4.2　有限元模型

对表 3.4 所示的模型进行数值有限元分析(表 3.5)。为了防止第 2 章中所述的由于梁翼缘的轴向力而导致柱局部破坏,在此使非偏心侧的水平加劲肋厚度 t_{sn} 足够厚。同时,以槽形钢折板 t_s(t_{vs} 和 t_{se})为参数变量进行模拟分析。

表 3.5　十字形模型

模型	柱	梁	l (mm)	h (mm)	t_{sn} (mm)	$t_{se}(t_{vs})$ (mm)	d_{vs} (mm)
C200b200-d40-v9 (-v9b)	H-200×200 ×8×12	H-200×100 ×5.5×8	4000	2000	16	9	40
C200b200-d40-v12						12	
C200b200-d40-v16						16	
C250b250-d62.5-v9	H-250×250 ×9×14	H-250×125 ×6×9	5000	2500	19	9	62.5
C250b250-d62.5-v12						12	
C250b250-d62.5-v16						16	
C300b300-d75-v9	H-300×300 ×10×15	H-300×150 ×6.5×9	6000	3000	19	9	75
C300b300-d75-v12						12	
C300b300-d75-v16						16	
C350b350-d87.5-v9	H-350×350 ×12×19	H-350×175 ×7×11	7000	3500	22	9	87.5
C350b350-d87.5-v12						12	
C350b350-d87.5-v16						16	
C400b400-d70-v12	H-400×400 ×13×21	H-400×200 ×8×13	8000	4000	22	12	70
C400b400-d70-v16						16	
C400b400-d70-v19						19	

注:数值有限元分析模型的标号表示方法:

　　C(柱尺寸)b(梁尺寸)-d(竖向加劲肋和柱腹板的中心间距)-v(竖向加劲肋厚度)

3.4.3　有限元分析结果

3.4.3.1　荷载-变形角关系曲线

对于 C200b200-d40 的 3 个模型,F-$_p\gamma_b$ 和 F-$_p\gamma_c$ 的关系曲线如图 3.21 和图 3.22 所示。根据 3.3 节中给出的定义,其中 $_p\gamma_b$ 为梁节点域的剪切变形角,$_p\gamma_c$ 为柱节点域的剪切变形角。在梁端荷载-变形关系曲线中,割线刚度为初始刚度的 1/3 时的荷载为屈服荷载,依据数值有限元分析得到的梁节点域屈服承载力和柱节点域屈服承载力在同图中分别用 $_{fem}F_{bpy}$ 和 $_{fem}F_{cpy}$ 表示。从图中可以看出,随着竖向加劲肋厚度的增加,屈服荷载增大,v16 的模型中,梁塑性变形明显但节点域未屈服。

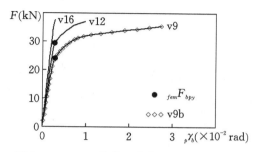

图 3.21　F-$_p\gamma_b$ 的关系曲线(C200b200-d40)

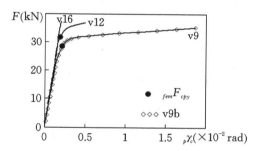

图 3.22　F-$_p\gamma_c$ 的关系曲线(C200b200-d40)

为了比较柱节点域和梁节点域的变形响应,对 C200b200-d40 的各模型,将其 F-$_p\gamma_b$ 和 F-$_p\gamma_c$ 的关系曲线在图 3.23 中进行再现。节点域屈服的 v9 和 v12 的模型中,柱节点域的刚度和承载力均比梁节点域的大。

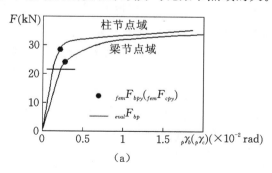

(a)

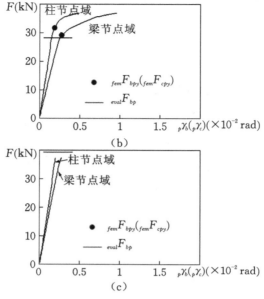

图 3.23 F-$_p\gamma_b(_p\gamma_c)$ 的关系曲线(C200b200-d40)
(a) v9；(b) v12；(c) v16

3.4.3.2 梁节点域承载力理论值和屈服荷载的比较

表 3.6 给出了各分析模型的屈服荷载$_{fem}F_{bpy}$、$_{fem}F_{cpy}$ 以及式(3.19)所确定的梁节点域屈服时的梁端荷载理论值$_{eval}F_{bp}$。为了明确式(3.19)的精度,同时也给出了$_{fem}F_{bpy}/_{eval}F_{bp}$ 以及梁全截面屈服时的梁端荷载 F_{bpl}。

对于 C200b200-d40-v16,$_{eval}F_{bp}$ 为 F_{bpl} 的 1.2 倍,梁和柱的节点域均未屈服。另外,对于 C250b250-d62.5-v16 和 C300b300-d75-v16,$_{eval}F_{bp}$ 为 F_{bpl} 的 1.1 倍,梁节点域屈服,但柱节点域未屈服。对于其他模型,$_{eval}F_{bp}$ 与 F_{bpl} 较为接近,两个节点域均屈服。但综合整体结果来看,梁节点域屈服荷载均比柱节点域屈服荷载小。

对于$_{fem}F_{bpy}$ 和$_{eval}F_{bp}$ 的比值($_{fem}F_{bpy}/_{eval}F_{bp}$),竖向加劲肋薄的模型中,其比值均大于 1,竖向加劲肋厚的模型中,其比值均比 1 小(C200b200-d40 除外)。竖向加劲肋变厚,梁节点域屈服荷载和柱节点域屈服荷载变得较为接近。同时可看出,节点域承载力精度未受到截面变化的影响。

表 3.6   承载力理论值与屈服荷载的比较

模型	$_{fem}F_{bpy}$ (kN)	$_{fem}F_{cpy}$ (kN)	$_{eval}F_{bp}$ (kN)	$_{fem}F_{bpy}$ $/_{eval}F_{bp}$	F_{bpl} (kN)
C200b200-d40-v9	23.9	28.4	21.4	1.11	
C200b200-d40-v12	29.1	31.6	28.1	1.03	32.7
C200b200-d40-v16	— *	— *	39.5	—	
C250b250-d62.5-v9	30.0	36.2	27.6	1.09	
C250b250-d62.5-v12	37.2	41.6	36.3	1.03	45.7
C250b250-d62.5-v16	46.7	— *	50.9	0.92	
C300b300-d75-v9	35.8	43.6	34.3	1.05	
C300b300-d75-v12	44.6	50.2	45.1	0.99	57.6
C300b300-d75-v16	56.4	— *	63.3	0.89	
C350b350-d87.5-v9	46.0	62.2	41.2	1.12	
C350b350-d87.5-v12	56.4	66.3	54.2	1.04	78.7
C350b350-d87.5-v16	73.1	77.6	76.0	0.96	
C400b400-d70-v12	80.3	96.4	64.0	1.26	
C400b400-d70-v16	96.9	103.9	89.4	1.08	104.4
C400b400-d70-v19	102.9	104.6	106.3	0.97	

注：＊ —— 节点域未屈服。

3.4.3.3   梁端扭转约束的影响

如图 3.19 所示的模型 C200b200-d40-v9b,约束其梁端的扭转变形和 H 型梁弱轴方向的变形,进行数值有限元分析,明确其扭转约束的影响。3.2 节中的节点域承载力推导过程中未考虑扭转约束的影响,但实际结构中,由于次梁等构件的作用,具有扭转约束效应。模型 C200b200-d40-v9b 的 F-$_p\gamma_b$ 和 F-$_p\gamma_c$ 关系曲线如图 3.21、图 3.22 所示,与模型 C200b200-d40-v9 相比,可以看出梁端部的扭转变形和弱轴方向的变形约束对梁节点域和柱节点域的变形响应未产生影响。

3.5　小结

本章中,研究了 H 型梁柱偏心节点的节点域力学性能,从理论方面推导出了其屈服荷载承载力,对 T 字形试验体进行了循环荷载试验,对十字形构件进行了数值有限元分析。其结果整理如下:

(1) 对于槽形钢(水平加劲肋和竖向加劲肋)补强的 H 型梁柱偏心节点的节点域,推导出了由于梁偏心而产生的扭矩的作用下的节点域屈服荷载承载力计算公式。将扭矩按照各构件的扭转惯性矩进行分配,并计算了槽形钢腹板(竖向加劲肋)上的梁节点域和柱腹板上的柱节点域的剪力。

(2) T 字形试验体的循环荷载试验中明确了偏心节点的弹塑性响应。梁节点域的承载力理论值与试验值相比较,有 20% 的差值。另外,从梁翼缘局部屈曲破坏的试验体的比较来看,节点域塑性变形性能好的试验体,其整体变形性能亦好。

(3) 荷载加载过程中,从柱翼缘和梁翼缘的应变分布来看,节点域屈服的试验体中,偏心侧的应变响应较大;槽形钢腹板(竖向加劲肋)厚度较厚的节点域未屈服的试验体中,翼缘应变分布较为均匀。从梁节点域和柱节点域中 3 轴应变片的响应来看,节点域屈服的试验体中,梁节点域的切应变较大。

(4) 采用 H-200×200 至 H-400×400 共计 5 种形式的柱,对十字形梁柱构件进行数值有限元分析。根据柱截面的尺寸,梁截面以及构件的长度亦进行变化。界面的尺寸对承载力计算公式的精度影响较小,但槽形钢腹板(竖向加劲肋)厚度对承载力计算公式的精度影响较大。竖向加劲肋较薄的模型中,屈服荷载承载力理论值较小,竖向加劲肋较厚的模型中,屈服荷载理论值较大。

4 结　　论

本书中,提出了一种新型梁柱节点模式,利用槽形钢折板对 H 型梁柱偏心节点进行补强,槽形钢折板翼缘视为水平加劲肋,槽形钢折板腹板视为竖向加劲肋,并对其承载力进行了理论、试验和数值有限元分析。

第 1 章中,对利用加劲肋对 H 型梁柱节点进行补强的相关研究成果进行整理,并阐述了本研究的意义。

第 2 章中,对 H 型梁柱偏心节点,采用槽形钢折板进行补强,假定了包含梁翼缘视为刚性板变形的 5 种塑性屈服破坏模型,依据屈服线理论推导出了承载力理论计算公式。以包含受拉翼缘的节点部分构件为研究对象,进行了 6 个试验体的拉伸试验,为了实现梁翼缘可产生刚体转动变形,拉伸试验中采用了铰接夹具,分析试验体弹塑性响应。发生柱构件局部屈服的偏心试验体中,由柱局部屈服至梁翼缘屈服时,梁翼缘的转动变形较为显著。这与考虑转动变形的塑性屈服破坏模型的承载力为各破坏模型最小值相对应。加载过程中,依据柱腹板、槽形钢折板腹板(竖向加劲肋)和翼缘(水平加劲肋)的应变分布,试验结束后柱翼缘平面外变形的响应等,局部屈服的偏心试验体的变形形态与考虑转动变形的塑性屈服破坏模型较为相似。柱构件局部屈服的偏心试验体,偏心侧的水平加劲肋(槽型钢翼缘)的塑性变形非常显著。梁屈服型的试验体中,弹性状态时,偏心侧的变形比较大。因此,从节点的补强效果来看,偏心侧的槽形钢折板应具有足够的厚度,即应具有足够厚的水平加劲肋。

第 3 章中,针对 H 型梁柱偏心节点的节点域,利用槽形钢腹板和翼缘(水平加劲肋和竖向加劲肋)对偏心节点进行补强,推导出了由于梁偏心而引起的扭矩作用下的节点域承载力计算公式。将偏心引起的扭矩按照各构件的圣维南系数进行分配,计算出竖向加劲肋上的梁节点域和柱腹板上的柱节点域的剪力,并对 T 字形梁柱构件进行了偏心荷载的循环荷载试验,明确偏心节点的弹塑性响应。梁节点域承载力理论值比试验所得的屈服荷载小20％ 左右。另外,与梁翼缘局部屈服的试验体相比,节点域产生塑性变形的试验体具有良好的变形性能。根据加载过程中对节点附件柱翼缘和梁翼缘的应变分布的检测,节点域屈服的试验体中,偏心侧的应变较大,但当加劲肋足够厚时,节点域未屈服试验体中,翼缘的应变分布较为均匀且应变值较小。梁节点域和柱节点域中,粘贴了 3 轴应变片,通过对其应变的检测,可以发现节点域屈服的试验体中,梁节点域的切应变较大。对柱构件,其截面形式从 H-200×200 至 H-400×400,共采用了 5 种,以十字形梁柱构件为研究对象,进行了数值有限元分析。有限元模型中,以柱截面、梁截面和构件长度为参数。构件截面的变化对承载力理论分析的精度影响较小,但加劲肋的厚度对精度的影响较大。加劲肋较薄的模型中,屈服荷载承载力理论值较小;加劲肋厚的模型中,屈服荷载承载力的理论值较大。

参 考 文 献

[1] RATHBUN J C. Elastic properties of riveted connections [J]. American Society of Civil Engineers Transactions, 1996,101: 468-474.

[2] LIGHTFOOT E,BAKER A R. The analysis of steel frames with elastic beam-to-column connections[M]. Hong Kong: Hong Kong University Press, 1991.

[3] FRYE M J, MORRIS G A. Analysis of flexibly connected steel frames[J]. Canadian Journal of Civil Engineers,1976,2(3): 280-291.

[4] GOVERDHAN A V. A collection of experimental moment-rotation curves and evaluation of prediction equations for semi-rigid connections[D]. Vanderbilt University,1983.

[5] ABDALLA K M,CHEN W F. Expanded database of semi-rigid steel connections [J]. Computers & Structures, 1995,56(4): 553-564

[6] NETHERCOT D A. Steel beam-to-column connections, a review of test data and its applicability to the evaluation of joint behavior in the performance of steel frames [J]. CIRIA,1985.

[7] NETHERCOT D A. Utilization of experimentally obtained connection data in assessing the performance of steel frames [C] // Connection Flexibility and Steel Frames. ASCE, 1985: 13-37.

[8] 沈祖炎,丁洁民.柔性节点钢框架的二阶弹塑性极限承载力研究[J].建筑结构学报,1992,13(1): 34-42.

[9] 王燕,李华军,厉见芬.半刚性梁柱节点连接的初始刚度和结构内力分析[J].工程力学,2003,20(6): 65-69.

[10] ENGELHARDT M D, HUSSAIN A S. Cyclic-loading performance of welded flange- bolted web moment connections [J]. Journal of Structural Engineering, ASCE, 1993, 119(12): 3537-3550.

[11] UANG C M, YU Q S, NOEL S, et al. Cyclic testing of steel moment connections rehabilitated with RBS or welded haunch[J]. Journal of Structural Engineering, ASCE, 2000, 126(1): 57-68.

[12] ENGELHARDT M D, SABOL T A. Reinforcing of steel moment

connections with cover plates: Benefits and limitations[J]. Engineering Structures, 1998, 20(6): 510-520.

[13] UANG C M, BONDAD D, LEE CH. Cyclic performance of haunch repaired steel moment connections: Experimental testing and analytical modeling[J]. Engineering Structures, 1998, 20(4-6): 552-561.

[14] 陈以一,王伟,赵宪忠. 钢结构体系中节点耗能能力研究进展与关键技术[J]. 建筑结构学报,2010,31(6): 81-88.

[15] RICLES J M, SAUSE R, GARLOCK M M, et al. Posttensioned seismic-resistant connections for steel frames[J]. Journal of Structural Engineering, ASCE, 2001, 127(2): 113-121.

[16] CHRISTOPOULOS C, FILIATRAULT A, UANG C M, et al. Posttensioned energy dissipating connections for moment-resisting steel frames[J]. Journal of Structural Engineering, ASCE, 2002, 128(9): 1111-1120.

[17] YOSHIOKA T, OHKUBO M. Hinge mechanism of moment resisting steel frame using bolted frictional slipping damper [C] // Proceedings of the 13th World Conference on Earthquake Engineering. Vancouver, 2004:158-164.

[18] 毛剑,郑宏. 安装阻尼器的削弱型梁柱刚性连接节点抗震性能分析[J]. 建筑钢结构进展, 2014,16(1):15-22.

[19] 吉田文久,小野徹郎.梁が偏心して取り付くノンダイアフラム形式柱梁接合部の耐力について[C].日本建築学会大会学術講演梗概集 C-1,2006:531-532.

[20] 久保田淳,瀧正哉,藤村博. 分割外ダイアフラム形式を用いたコンクリート充填角形鋼管柱・鉄骨梁接合部の実験的研究 その2 側柱形式の接合部局部引張実験[C].日本建築学会大会学術講演梗概集 C-1,2004:1105-1106.

[21] 槙枝丈史,橋本篤秀,菅野哲也.ノンダイアフラム形式の鋳鋼製柱梁接合部に関する研究 その4 梁偏心の影響[C].日本建築学会大会学術講演梗概集 C-1,2005:823-824.

[22] 押田光弘,一戸康生,齋藤啓一.鉄骨偏心梁の取り付く通しダイアフラム形式・角形 CFT 柱梁接合部の力学的性状[C].日本鋼構造協会鋼構造論文集,2005,12(47):23-32.

［23］押田光弘，一戸康生，齋藤啓一.鉄骨偏心梁 の 取 り 付 く 通 しダイアフラム形式・角形CFT部分骨組 の 力学的性状［C］.日本鋼 構造協会鋼構造論文集,2005,12(48):17-30.

［24］田中智三，田渕基嗣,田中剛.梁偏心接合形式 の 角形鋼管柱？梁接 合部パネルに 関 す る 研究：その1.有限要素解析 に よ る 予備検討 (構造)［C］.日 本 建 築 学 会 近 畿 支 部 研 究 報 告 集： 構 造 系, 1999:241-244.

［25］田中智三,田渕基嗣,田中剛.梁 が 偏心 す る テ ー パ ー 管形式接合部 パネルに 関 す る 研究［C］.日本建築学会大会学術講演梗概集 C-1, 2000:643-646.

［26］吕峰,肖亚明.偏心梁对方钢管混凝土节点抗震性能研究［J］.工程与建 设,2008,22(1):76-77,83.

［27］ LIU C P, HIROSHI T. Panel zone strength of eccentric beam-to-wide flange column connections［J］. J.Struct. Constr. Eng., AIJ, 2009,74(636):375-384.

［28］CARDEN L P, PEKCAN G, ITANI A M. Web yielding, crippling, and lateral buckling under post loading［J］. Journal of Structural Engineering, 2007, 133(5):665-673.

［29］田川浩,劉翠平.梁 フ ラ ン ジ 幅 が H 形断面柱 スチフナ 補強部 の 降伏 耐 力 に 及 ぼ す 影 響 ［C］. 日 本 建 築 学 会 構 造 系 論 文 集,2007, 614:115-122.